探索未知　改变世界

科学大爆炸

我们在太空中的位置

太阳系

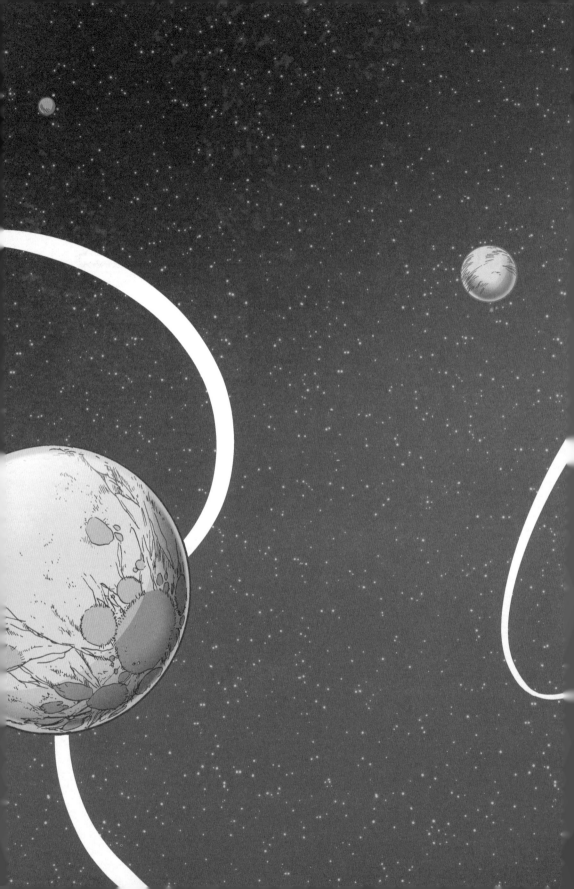

探索未知 改变世界

科学大爆炸

我们在太空中的位置

太阳系

[美]罗斯玛丽·莫斯科 文 [美]乔恩·查德 图

周 挺 译

贵州出版集团 贵州人民出版社

本书插图系原文插图

SCIENCE COMICS: SOLAR SYSTEM: Our Place in Space
by Rosemary Mosco and Illustrated by Jon Chad
Text copyright © 2018 by Rosemary Mosco
Illustrations copyright © 2018 by Jon Chad
Published by arrangement with First Second, an imprint of Roaring Brook Press, a division of Holtzbrinck Publishing
Holdings Limited Partnership
All rights reserved.
Simplified Chinese translation copyright © 2022 by Beijing Dandelion Children's Book House Co., Ltd.

版权合同登记号 图字：22-2022-041

审图号　GS京（2022）0886号

图书在版编目（CIP）数据

我们在太空中的位置：太阳系 / （美）罗斯玛丽·
莫斯科文；（美）乔恩·查德图；周挺译. -- 贵阳：
贵州人民出版社，2022.10（2024.4 重印）
（科学大爆炸）
ISBN 978-7-221-17221-1

Ⅰ. ①我… Ⅱ. ①罗… ②乔… ③周… Ⅲ. ①太阳系
—少儿读物 Ⅳ. ①P18-49

中国版本图书馆CIP数据核字（2022）第159009号

KEXUE DA BAOZHA
WOMEN ZAI TAIKONG ZHONG DE WEIZHI：TAIYANGXI
科学大爆炸
我们在太空中的位置：太阳系
［美］罗斯玛丽·莫斯科　文　　［美］乔恩·查德　图　周　挺　译

出 版 人　朱文迅　　策　　划　蒲公英童书馆
责任编辑　颜小鹏　姚远芳　装帧设计　曾　念　王学元　责任印制　郑海鸥

出版发行　贵州出版集团　贵州人民出版社
地　　址　贵阳市观山湖区中天会展城会展东路SOHO公寓A座（010-85805785　编辑部）
印　　刷　北京利丰雅高长城印刷有限公司（010-59011367）
版　　次　2022年10月第1版
印　　次　2024年4月第4次印刷
开　　本　700毫米×980毫米　1/16
印　　张　8
字　　数　50千字
书　　号　ISBN 978-7-221-17221-1
定　　价　39.80元

前 言

我还是个孩子时，那时宇宙比现在年轻，而且没有互联网（叹气），我幻想乘坐一艘飞船，飞向太阳系的各个天体。

我有时幻想自己是舰长，有时幻想自己是个科学家（我看了很多部《星际迷航》，那时已经有这个影视系列了），但无论如何，我一直喜欢在脑海中想象的，就是去那些奇妙的地方旅行：行星、卫星、小行星、彗星……

现在回想起来，我已经不知道是我的记忆模糊了，还是当时的想象本来就是模糊的。毕竟，从地球上看，宇宙中的那些目的地大多都远隔亿万千米，即使用当时最好的望远镜也看不到多少细节。那时我们能看到木星上有条带状斑纹，土星有几个光环，但照片都很模糊，很难判断那里到底发生了什么。

但也许你的想象力比我厉害！你可以闭上眼睛，想象自己穿着一套顶级的宇航服，正站在金星上，或者正飞越月球，"嗖"地穿过小行星带，那会是什么样的？会有什么感觉？

跟我小时候相比，你有了很大的优势，那就是现在的科技变得更加发达了。我们有了更好的望远镜和飞船，能把无人探测器送到太空中那些遥远的地方。第一次见到那些星球的近距离照片时，我发现它们比我们曾经以为的要陌生得多。在寒冷的小卫星上，火山喷发的不是岩浆，而是水！在海王星的轨道之外，还有巨大的冰块在绕着太阳转！火星上有干枯的河床，这表明它的表面上曾经有过流水！土星的环是由成千上万道细环组成的！你知道小行星也有自己的卫星，而天王星内部会形成钻石吗？

这些奇妙的发现，和我的预期一点都不一样，更别说我儿时的幻想了。

你觉得自己的想象能比得上大自然吗？我必须提醒你：这可不容易。大自然非常聪明，许多科学知识蕴含其中。它有上百亿年的寿命，包罗万亿个不同的星球，可以实践各种各样的想法。这意味着对于我们来说，太空中有很多东西都很陌生，甚至不可思议。我们现在发现的正是这样！我们去太空中的任何地方，发现的任何东西……它们都如此奇妙，和我们想象的完全不同。太阳系比我们的想象更不可思议，借用科学家J.B.S.霍尔丹的一句话："它的奇妙远超我们的想象。"我们每去一个新的地方，都能发现意想不到的事物。

这就是为什么我喜欢我的朋友罗斯玛丽·莫斯科写的这本书。她热爱科学和太空，想象力比我更棒。她笔下人物的旅行很像我曾经的幻想，不过现在我们对太阳系有了更多了解，因而他们的旅行更有趣。乔恩·查德的插图也让这趟旅行更加真实生动。

我告诉你一个秘密，这个秘密科学家们都知道，一般人却理解不了：我们永远不会停止冒险。这是真的！从我还是个孩子起，就已经知晓很多关于这些星球的趣事，但未知却永无止境。我们无法停止求知！这就是科学的美妙之处：永远有新事物等待我们去学习，去发现。

宇宙就像铺满天空的拼图，面对这样一幅拼图，有谁会不想把它拼完整呢？这就是科学家们在做的事情。他们一边拼，一边发现更多的拼图碎片。有更多星球等待探索，有更多猜想需要证实。宇宙拼图永无止境，你探索得越多，就有越多的东西等着你去探索。

但你总得先从一个地方开始，对吗？

那么，就从翻开这本书开始吧！

——菲尔·普雷特博士
天文学家、糟糕天文学网站创始人

第1部分：序言

我们的太阳系，
50亿年前

46亿年前

地球示意图

啊！你真不懂得休息。

我把所有书都重读了一遍，

还折了千纸鹤，

把袜子按颜色和图案做了分类。

我甚至给你的宠物们画了幅戴着高顶礼帽的画。

哇！真的是……太用心了。

是呀！

胡椒

爬爬先生

考验友谊的时候到了！我要治好你的无聊——

现在开始！

太阳系

我最近在读一本超级酷的书……

你要用一本书来治好我吗？

太阳系

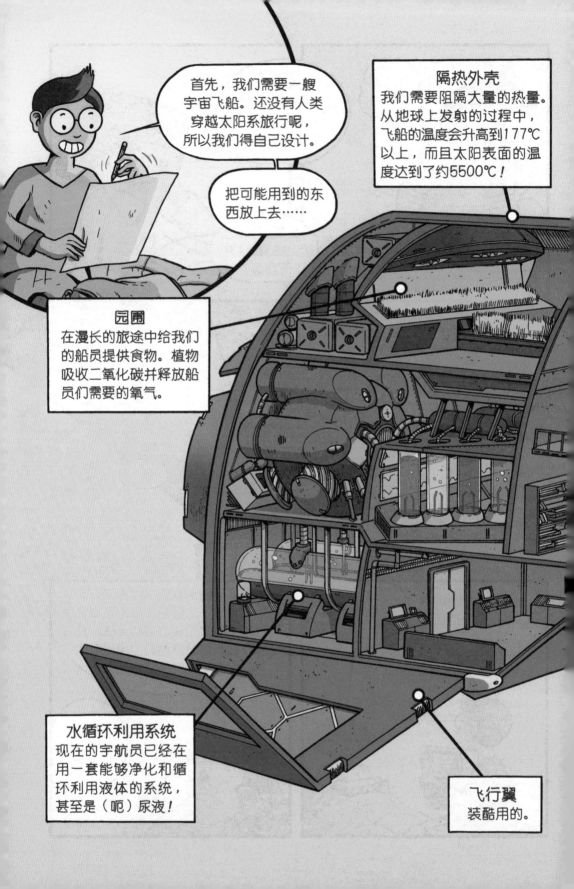

重力机器

在地球上，有一股强大的力量把我们拉向地球的中心，这股力量叫重力。重力让我们的双脚能够待在地面上，防止我们飘走。我们加一台想象出来的重力机器吧！

智能导航计算机

GPS①在外太空无法使用，因为它是靠环绕地球运行的人造卫星发射回来的信息工作的。指南针也无法使用，因为它们依赖地球的磁场工作。所以我们需要一台智能计算机来导航。

穿梭机

宇航员可以乘坐穿梭机到行星的表面。

辐射防护罩

外太空有危险的辐射。太阳和遥远的爆炸会喷出飞得极快的微小颗粒，它们会对我们的身体造成伤害。让我们给宇航员加个防护罩吧！

① 全球定位系统。

没错。让我们设想有一个动力很足的引擎，还有无穷无尽的燃料。它们的运行全靠你的热情！只要我的故事减少一点你的无聊，罐子里就会多一点燃料，这种燃料叫……

热情等离子体①！

不错哦。

现在得想象一下我们的船员了。

我有个主意。给我一张纸和一支笔。

来见见我们的宇航员……太空宠物，由狗狗莱利船长率领！

好的，它很可爱。

①等离子体是除固体、液体、气体外，物质存在的第四态。它广泛存在于宇宙中。

莎拉的狗狗莱利将会是……忠诚的太空猎犬莱利船长。

莎拉的仓鼠福丁将担任……心灵手巧的仓鼠福丁工程师。

吉尔的猫胡椒将成为……宇宙猫胡椒指挥官。

吉尔的蛇爬爬先生是……聪明的太空蛇爬爬科学家。

我们的故事开始了。"不无聊号"宇宙飞船正飘浮在地球上空，上面载着忠诚的太空宠物们。

他们的任务是：发现太空的奇迹，永远消除无聊！

注：太空宠物们的宇航服上的"UB"是"不无聊号"的英文"unbored"的缩写。

莎拉对这次任务不是很兴奋，不过，热情等离子体的含量足够支撑我们到达太阳了。只是之后就没能量了。

收到。

精准的天文定位系统——派尔，你准备好导航了吗？

派尔收到。从逻辑上来说，我随时准备开始导航，因为我是一台未来导航计算机。

哼！

谢谢你，派尔！我们开始执行任务吧！

是，是。

太激动了！

吞口水。

呼噜噜——

我即将前往太阳，全程大约1.5亿千米。

航行了约1.5亿千米之后……

船长，热情等离子体快用完了！

我们也快到太阳了。

时间刚好。

第3部分：太阳

我激活了太阳防护罩，这样你们就能安全地观察太阳了。

它是一颗恒星，一个由气体构成的发光球。

请注意，它非常大。

打个岔，在导航时，我和自己下了100盘棋。

太阳到底有多大呀？

相当庞大。太阳可以装下大约130万个地球。

啊！它为什么会这么大呢？

派尔，请你告诉我们这个巨大的球是从哪儿来的吧！

好的。

大约46亿年前，那时还没有太阳系，只有一团气体和尘埃。

然后发生了某个事件，也许是太空中的爆炸，震动了那团气体和尘埃。其中的一部分被挤压到一起，形成了一团更厚的气体和尘埃。引力也变大了，于是就开始吸引它周围的其他物质。

等一下。引力是什么？

引力就是物体间的互相吸引力。宇宙中的所有物体都在相互吸引。

所以，我在吸引着每个网球。

等等，这是不是意味着，地球上有一只可怕的吃仓鼠的老鹰可能正在吸引着我？

不错！不过别担心：当你离一个物体越远，引力就会变得越弱。

噢！

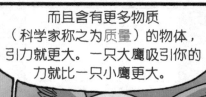

而且含有更多物质（科学家称之为质量）的物体，引力就更大。一只大鹰吸引你的力就比一只小鹰更大。

啊！

这就是为什么，如果你往地球扔网球，它会飞往地球而不是砸你身上。

引力越大

引力越小

引力

质量越小

质量越大

唔，我不信。

说回那团气体和尘埃：变厚的尘埃质量也更大，所以引力更大。它吸引了周围的气体和尘埃，变得越来越大。

那团厚厚的尘埃就这样变成了太阳。但还有一些没被它吸进去的尘埃和气体，它们也聚集起来……

形成了行星、卫星、彗星和其他天体。

太阳大约占据了太阳系质量的99.8%。太阳系就是巨大的太阳加上行星和其他天体组成的。这些行星和天体都在太阳的引力作用下围绕着太阳运行。

如果太阳有几十亿岁,为什么它能燃烧这么久都没熄灭?

因为它的内部在发生奇妙的变化,派尔,你能给我们展示一下吗?

太阳有很多层,就像一个火热的洋葱。让我们从最外面一层开始看吧。

没问题。

日冕
一个巨大的、稀薄的、亮度微弱的外层,就像太阳的大气层。

色球层
一层薄薄的红色光环,它很难看见,因为它下面那层太亮了。

光球层
太阳光就是从光球层逃逸出来的。

对流区
大气翻腾的一层,就像一锅沸腾的水。

辐射区
它将能量带出核心。

核心

在这里,发生着不可思议的核反应……

物质是由微小的粒子 —— 原子构成的，同种类的原子统称元素。太阳几乎只由一种元素 —— 氢组成。

太阳的核心因为外层的压力产生了很多热量。

压力

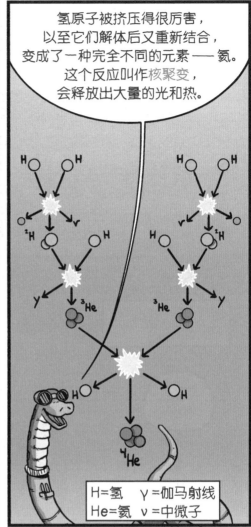

氢原子被挤压得很厉害，以至它们解体后又重新结合，变成了一种完全不同的元素 —— 氦。这个反应叫作核聚变，会释放出大量的光和热。

H=氢　　γ=伽马射线
He=氦　　ν=中微子

那到底有多热呢？

太阳核心温度约1500万℃。

虽然光球层只有5500℃左右！

啊！我们会融化成一小摊水的！

你的担心是不合逻辑的。我拥有最新的虚拟防护罩技术，我可以在赢10盘棋的同时保证大家的安全。

派尔，还有什么让人兴奋的事可以写在报告里发给莎拉吗？

我的体内没有可以衡量一件事兴奋程度的程序，但让我想想。

这是一个太阳黑子，是短暂存在于太阳表面的、温度相对较低的区域。

噢！

啊哈！也许这挺"让人兴奋"的。

那是什么？

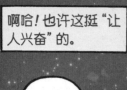

那是日珥，也就是氢和氦的大爆发。它真美呀！

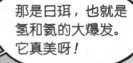

莎拉会喜欢的。船员们，让我们多做些研究写进报告吧。

关于太阳的报告

大小：直径约为140万千米。可以装下约130万个地球！

构成：大约含有2×10^{27}吨物质，大部分是氢。在太阳的核心，氢通过核聚变转化成氦。

太阳在太空中的位置

▽

神奇的特征

太阳黑子

日珥

来自地球的航天器

太阳没有坚固的表面，因此我们还没有任何航天器在那里着陆过。但我们已经用无人驾驶的航天器观察过它了，其中，太阳和太阳风层探测器（SOHO）已经观察太阳20多年了！

干得漂亮，船员们！派尔，你可以把报告传送给莎拉了。

我已经发出去了。

怎么样，太阳有趣吗？

阿嚏——还不错。

哎哟！

莱利船长，有足够的燃料支撑我们到最近的行星了——

嗯！莎拉每天都会看见太阳。

但也只能到达那里了。

也许降落在一颗行星上会好点？派尔，带我们去最近的行星吧！

别担心，福丁。我们在那儿肯定能找到很多有趣的东西。而且，那儿可能也不会这么热！

嗯……

24

航行了约5800万千米之后……

我们到达了距离太阳最近的行星——水星。

第4部分：水星

它的名字来源于古罗马神话中快速飞行的信使神。[1]在所有围绕太阳运行的行星中，它的速度是最快的。

我的速度也很快。你们想知道我在路上赢了多少盘棋吗？

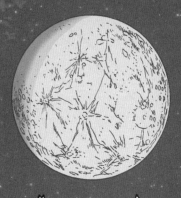

①水星的英文是Mercury，源自古罗马信使神墨丘利。

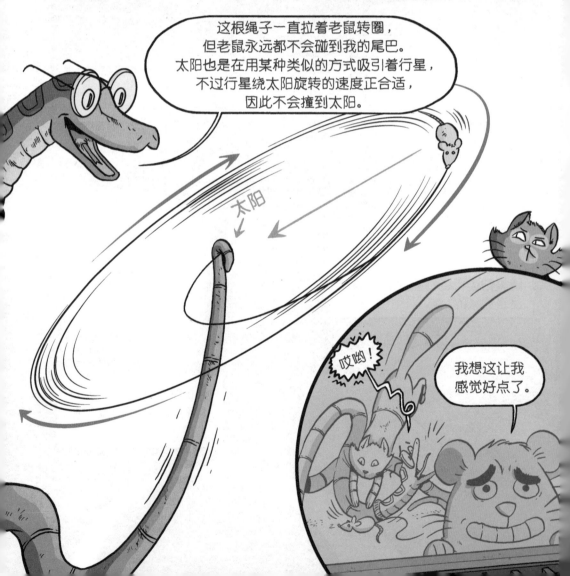

……顺便说一下，我已经赢了200盘棋。

船员们，我认为我们应该登陆这个星球并探索一下！穿好宇航服前往穿梭机吧！

好的。让我们四处嗅探一下。

呃……穿着宇航服似乎不适合"嗅"探。

这个地方似乎比太阳平静多了。

也凉快多了！

只有大约430℃。

什么？这个温度都能熔化铅了！

别担心，我们的虚拟宇航服可是非常结实的呢！

不过，等到了晚上，温度就会降到约-180℃了。

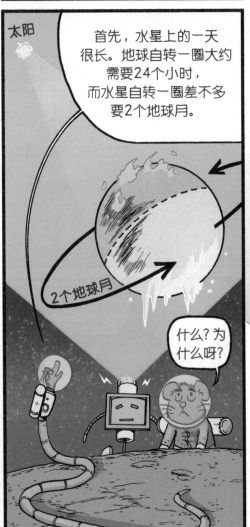

行星	自转周期
水星	1408 个小时
金星	5832个小时
地球	24个小时
火星	25个小时
木星	10个小时
土星	11个小时
天王星	17个小时
海王星	16个小时

以上数据以保留整数计算。

关于水星的报告

名字来源：古罗马神话中的信使神。

大小：直径约4880千米，大约只有地球直径的1/3。

构成：和其他行星一样，水星也有很多层。在水星形成的过程中，引力把较重的物质（主要是金属）吸进核心，因此水星的核心是液态铁；而较轻的物质（主要是岩石）就飘浮在表面上。

水星在太空中的位置

神奇的特征

它朝向太阳的一面有430℃，背对太阳的一面只有-180℃。

在太阳永远照不到的极地地区，水星陨石坑里甚至存在冰！这也许是彗星撞击水星带来的。

来自地球的航天器

我们很难访问水星，因为它的气温太极端了，而且在那个位置上，太阳的引力影响太大。1974年到1975年，"水手10号"探测器曾经飞越水星。2004年到2015年，"信使号"探测器曾经环绕水星飞行。欧洲与日本联合研发的"贝比科隆博号"水星探测器将在2025年抵达水星！

好啦，你觉得怎么样？

水星温差居然这么大，真是太酷了！就像我爸爸给冷冻的辣肉酱重新加热。

这个比喻不错！

拜托，拜托……看来只有这么多了。

船长，我们的热情等离子体只够支撑到下一个行星了。

热情等离子体
依然非常
低

还不错，但我们得给莎拉看一些更厉害的东西。前进！

低

哼，下一个行星最好别这么吓人。

那就看你怕不怕硫酸暴雨了……

噫！

等等，什么？！

第5部分：金星

①金星的英文是Venus，源自古罗马神话中爱与美的女神维纳斯。

金星的大气气压非常高，足以把站在它表面的人压扁。

它的表面温度比水星还高！噢，而且经常下硫酸雨。

跟水星比起来，金星距离太阳更远，那为什么它不是更凉快呢？

问得好，船长。这是温室效应造成的。

当太阳光抵达金星厚厚的云层，有一部分会穿过云层，到达金星的表面，使其变得越来越热。

金星表面

你知道温暖的东西会释放热量，对吧？

观察一下。

嗯，没错。

任何有温度的东西都会发出红外辐射（或热量）。通常，热量会上升到太空并离开，但在这里，它会碰到金星的大气层。

大气层

金星表面

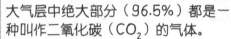

大气层中绝大部分（96.5%）都是一种叫作二氧化碳（CO_2）的气体。

CO_2

氧   氧

碳

CO_2吸收辐射，振动、升温，再将辐射发射回各个方向。

一些辐射又回到了金星表面。

这让金星变暖，最后成了一个炎热的星球！

大气层（CO_2）

金星表面

金星上温度高，大气压大，还有有毒的硫酸，它能溶解铁和其他金属——

这让金星能把航天器"吃了"。

苏联的"金星13号"探测器仅仅工作了127分钟，就被高温摧毁了。

但它还是给我们传回了一些彩色照片。

我们手上就只有这些照片和其他3个金星探测器传回的照片。

我知道什么可以让莎拉大吃一惊了。

你想拍一张金星表面的照片，是吗？？？

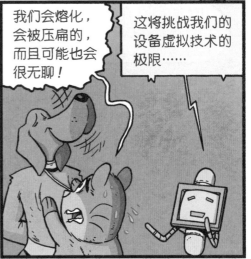

我们会熔化，会被压扁的，而且可能也会很无聊！

这将挑战我们的设备虚拟技术的极限……

38

金星：一份报告

名字来源：古罗马神话中爱与美的女神。

大小：直径约12 104千米 —— 比地球小一点。

构成：铁核，岩石地幔，岩石地壳，很厚的大气层。

金星在太空中位置

神奇的特征

很厚、很亮的云层。

只有少数无人驾驶的航天器 —— 现在又有几只勇敢的太空宠物 —— 到过它的岩石表面。

来自地球的航天器

我们已经有许多个无人驾驶的金星飞越探测器、轨道飞行器和着陆器拜访过金星。1966年发射的"金星3号"是第一颗着陆金星，也是第一颗着陆其他行星表面的探测器（但坠毁了）。我们大多数关于金星的信息都来自轨道飞行器，比如"麦哲伦号"金星探测器用雷达穿过云层探测金星表面。

是呀，为什么要来无聊的地球？

地球是科学家们最了解的行星。它能告诉我们很多关于太阳系其他行星的信息，还能告诉我们外星生命存在的可能性！

我有点好奇了。

地球很美，有沙滩、好吃的胡萝卜……

我改变主意了。我们去地球吧。

等一下，卫星和碎片是怎么回事？

地球有一颗天然的卫星，我们叫它月球。卫星就是绕着行星或其他天体转的东西。

几十年来，人类在太空里活动留下了很多垃圾：坏掉的航天器、涂料碎片，还有宇航员扔掉的东西。有大约50万块弹珠那么大或者更大的碎片。我们必须绕过它们。

噢，天哪。

但首先，我们需要到达那儿。我又要下几百盘棋了。唉！

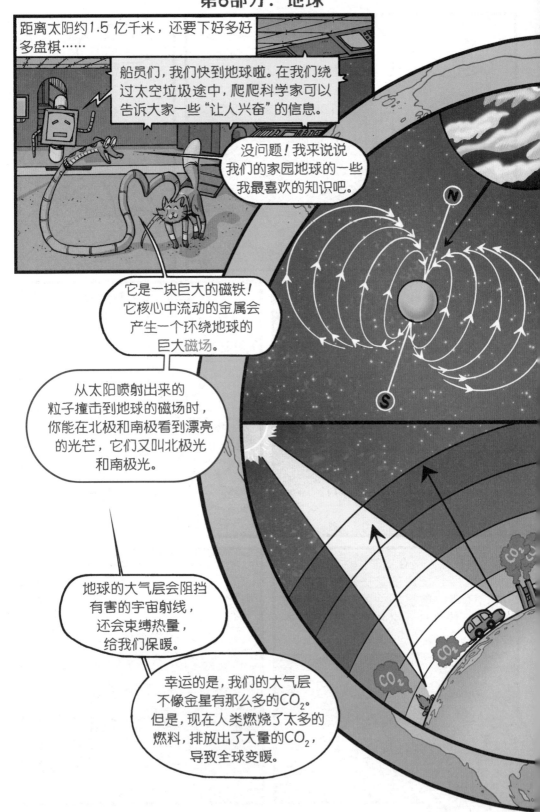

距离太阳约1.5亿千米，还要下好多好多盘棋……

船员们，我们快到地球啦。在我们绕过太空垃圾途中，爬爬科学家可以告诉大家一些"让人兴奋"的信息。

没问题！我来说说我们的家园地球的一些我最喜欢的知识吧。

它是一块巨大的磁铁！它核心中流动的金属会产生一个环绕地球的巨大磁场。

从太阳喷射出来的粒子撞击到地球的磁场时，你能在北极和南极看到漂亮的光芒，它们又叫北极光和南极光。

地球的大气层会阻挡有害的宇宙射线，还会束缚热量，给我们保暖。

幸运的是，我们的大气层不像金星有那么多的CO_2。但是，现在人类燃烧了太多的燃料，排放出了大量的CO_2，导致全球变暖。

就像有的行星一样，地球也分几层。它形成的时候，好多沉重的物质沉到了地核。

内核
内核是一个实心球，主要成分是两种金属——铁和镍。它和太阳表面一样热，甚至比太阳表面更热！（大约有一半的热量是地球形成的时候留下来的。）

外核
主要是液态的铁和镍。

地幔
它缓慢地流动，导致它上面的地壳（包括地壳上的大陆）也跟着移动。

地壳
薄薄的岩石层。我们就住在这上面！

地球内部结构示意图

也有其他行星有分层和大气层，甚至许多行星也有磁场。但是地球上有一些东西，我们至今还没有在太阳系的其他任何地方找到过……

网球？

仓鼠转轮？

生命！

喵？

我们都知道生命需要液态水。

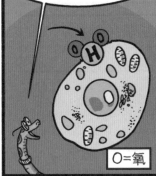

水很神奇。它会运输化学物质，为我们的身体细胞运送能量，还能带走废物。

O=氧

它变热和冷却都很缓慢，所以它能保护生命，不让生命因为温度极端变化而受到伤害。

另外，它还能阻挡一些紫外线辐射，也就是能损伤细胞的阳光。

阳光

地球上到处都有生命，甚至在一些极端环境中也有，部分功劳要归于液态水。

啊哈！这就是我们将为莎拉做的。去造访——

温暖的沙滩？舒适的仓鼠地洞？

最极端环境里的生命。

甚至有生命绕着地球转动。这是国际空间站。自2000年以来，就有人在这里生活了。他们研究太空以及生物在太空如何生存。

既然都来到这儿了，或许我们应该去拜访一下月球。

老实说，我觉得太阳系的其他卫星可能会更加"令人兴奋"。

嗷呜！！

也许吧，但月球非常漂亮。

①②图中分别是英文和俄文，都是打招呼的意思。

你知道吗？当你抬头看月球时，你看到的是人类在太空中唯一留下过脚印的地方哦。

NASA①在20世纪60年代和70年代开展阿波罗项目期间，曾有12个人在月球上行走。他们在那里做科学实验，甚至打高尔夫球。

太酷了！

那可是份危险的工作哦。在一次任务中，"阿波罗13号"飞船发生了爆炸。勇敢的宇航员们躲在飞船的登月舱里，指引飞船飞向地球。他们只有很少的能量，还无法取暖，但最终还是活了下来。

多高尚！

我应该会躲在一根管子里。

好了，船员们。我们来整理报告吧。

是，船长。

是，船长。

喵呜。

①美国国家航空航天局的简称。

关于地球的报告

地球示意图

大小： 直径约12 756千米，比月球的直径（3476千米）大3倍多。

构成： 固态的金属内核，液态的金属外核，流动的岩石地幔，薄薄的坚硬地壳，以及保护我们、给我们保暖的大气层。

地球在太空里的位置

神奇的特征

液态水，对生命很重要。

月球，以及人类制造的各种卫星，还有国际空间站。

重要的记录

地球是太阳系中我们唯一能找到生命的地方。很多极端环境中都存在着生命，比如深海热液喷口、南极洲的冰裂缝和美味的胡萝卜农场。

第7部分：火星

距离太阳约2.28亿千米……

船员们，我们快到火星了。它的名字来源于古罗马神话中的战神①，也许因为它是红色的，让人联想到血。

但这不合逻辑：它看上去是红色，是因为它的表面覆盖着生锈的铁屑。

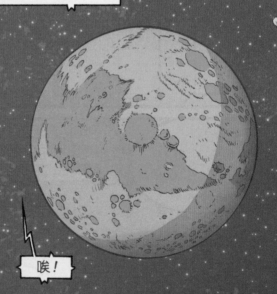

唉！

①火星的英文是mars，源自古罗马神话中的战神玛尔斯。

怎么了，派尔？我似乎有些不太开心……的感觉。

窨。

你想跟我聊聊这感觉吗？

我觉得我厌烦跟自己下棋了。但这没道理，因为所有的游戏我都玩得很好，我应该是自己最完美的玩伴才对。

感觉是没法用逻辑来分析的！你想找个人陪你一起玩吗？

我……哎呀，是的，我想！

好的，我们可以一边下棋，一边听爬爬科学家讲火星。对了，我不太会下棋哦。

太好了！我下得很好，这就够了。

让我看看。人类还没有到过火星，但已经送了很多探测器去探索它。

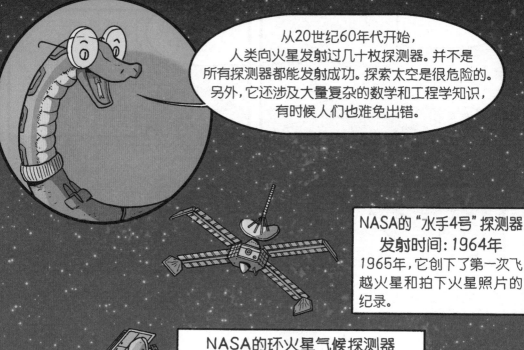

从20世纪60年代开始，人类向火星发射过几十枚探测器。并不是所有探测器都能发射成功。探索太空是很危险的。另外，它还涉及大量复杂的数学和工程学知识，有时候人们也难免出错。

NASA的"水手4号"探测器
发射时间：1964年
1965年，它创下了第一次飞越火星和拍下火星照片的纪录。

NASA的环火星气候探测器
发射时间：1998年
有人犯了个数学错误，忘记把英制单位转换成公制单位，这导致探测器发生意外进入火星大气层而解体。

印度空间研究组织的火星轨道飞行器任务
发射时间：2013年
它在2014年抵达火星，使印度成为首次尝试就成功到达火星的第一个国家！

人类已经有多个火星探测器成功着陆火星，这样就能近距离研究火星，比如……

NASA的"机遇号"火星探测器
发射时间：2003年
它在2004年到达火星，于2019年宣布结束探索。在它的帮助下，我们发现了火星表面的陨石，过去存在流动水的证据，等等。

多亏了这些探测器，我们了解了很多关于火星的知识。

它有两个凹凸不平的小卫星：火卫一和火卫二。就连美国的曼哈顿岛都比火卫二长呢！

哈！地球的卫星可比它们强多了。

火卫一示意图

火卫二示意图

火星的表面曾有液态水 —— 或许是海洋，又或者只是洪水。然后磁场和大气层消失了，水也干涸了。

火星没有多少大气，因此它很冷。地球上温度适宜，平均气温14.6℃，而火星的平均气温大约只有-63℃。

呜。真可怕。

噢，但也有很多很酷的东西哦！

船员们，我们搭穿梭机飞近点看看吧。我想反正这局棋我差不多是输了。

是的，你输定了！

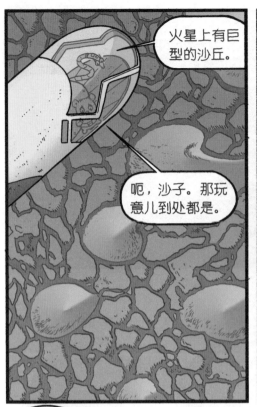

火星上有巨型的沙丘。

呃，沙子。那玩意儿到处都是。

我们称为"尘暴"的巨大旋风会吹起生锈的尘埃，并在火星表面描绘出曲线。

这里有太阳系中已知的最大火山——奥林匹斯山，是珠穆朗玛峰的2倍多高。

哇哦！

奥林匹斯山

珠穆朗玛峰

这是水手号峡谷，它几乎和美国一样长。

哇哦。

干得好，船员们！我们回"无聊号"吧。

嗯？

紧急撤离程序启动！穿梭机已弹出。

胡椒，你干了什么？？

派尔！发生了什么？

胡椒按了紧急按钮，它把穿梭机弹到某个安全的地方去了。我无法控制我那部分程序。

你不能把穿梭机叫回来吗？

它已经飞出了我的雷达天线的扫描范围。

哦，这下好了！现在我们的朋友在遥远的地方，我被困在这艘愚蠢的飞船上，跟一只笨猫和一台下棋狂电脑在一起！

一切都好可怕！

吸溜！

派尔，莱利船长和爬爬科学家还好吗？

穿梭机虽然很挤，但有足够的紧急动力和食物，可以让船员在里面过上好几天。它飞得很快，将会降落在某个遥远的行星或卫星上。

好吧，我猜我们得去救他们了。我得……勇敢点。派尔，我虽然很害怕，但也可以很勇敢，是吧？

我可以一边导航穿越太阳系，一边下棋，所以你当然可以一边害怕一边勇敢啦。

没错。我们要继续穿越太阳系，我们一定会找到我们的朋友！

是，福丁工程师！

喵呜！

热情等离子体
50%

但首先，我们得完成关于火星的报告，这样才能获得热情等离子体补给。

关于火星的报告

名字来源：古罗马神话中的战神。

大小：直径约6792千米 —— 只有地球直径的一半多一点。

构成：铁（可能部分是液态的）核心，岩石地幔和地壳，还有稀薄的大气层。

火星在太空中的位置

神奇的特征

奥林匹斯山，太阳系中已知最大的火山。

水手号峡谷，一个巨大的峡谷。

来自地球的航天器

很多！从20世纪60年代开始，就有航天器着陆火星了。有火星飞越探测器、轨道飞行器、火星车……有几十个呢！

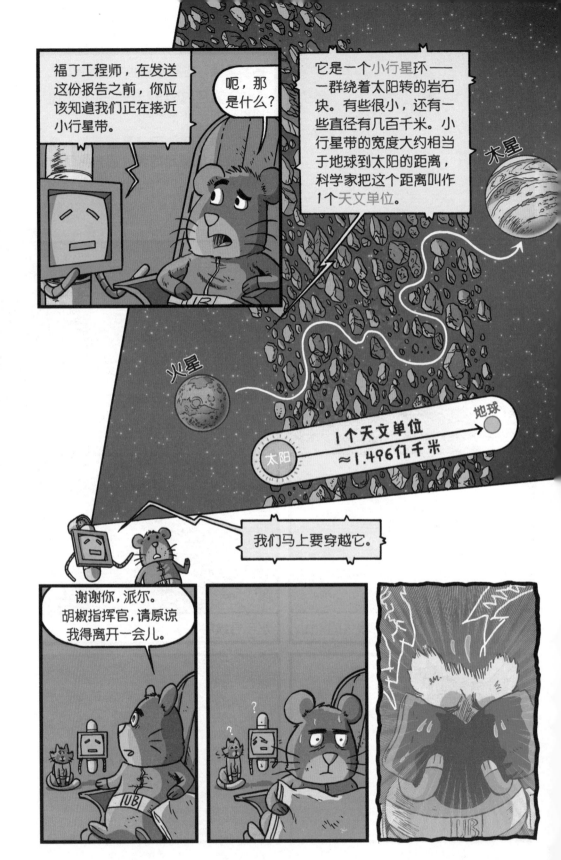

嗯……

开心！吉尔跟我聊太阳系呢。太空可能听起来无聊，但实际上有许多神奇的极端环境和美丽的风景。

太好了！我很高兴你不再觉得无聊了。给，我给你们泡了些薄荷茶。

唔，我的最爱。

好了——你准备好回太空了吗？

是呀，是呀，吉尔船长。我已经盖好温暖的毯子，还带了一堆比萨！

让我们起飞吧！

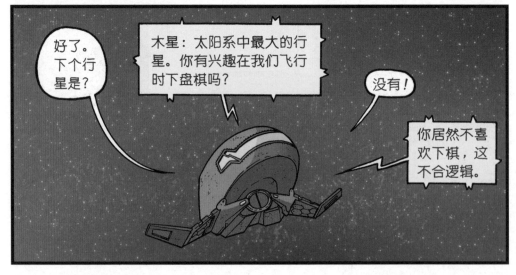

噢，天哪！

爬爬科学家，你控制住穿梭机了吗？

还没有呢，船长。它还是被锁定在紧急状态。

这样啊。能解决吗？

我也许可以找到一种让我们与导航计算机通话的方法。或许我们可以弄清楚它要去哪儿，然后说服它改变航向。

好主意！那就拜托你了。

唉！我才刚刚开始喜欢下棋呢。

第9部分：木星

距离太阳约7.780亿千米……

欢迎来到木星。古罗马人用他们最重要的神给这个行星命名，这一点都不令人意外，因为木星是我们太阳系中最大的行星。[1]

[1]木星的英文是Jupiter，源自古罗马神话里的众神之王朱庇特，也就是古希腊神话中的宙斯。

①地球飓风最高等级是5级，风速≥251千米/小时。

我猜你的感应器还没有探测到我们的朋友。

我没有在这个行星上探测到他们。但是，我们还可以找找附近其他地方。

你是什么意思？

噢，木星还有一些卫星。

它有多少颗卫星？

至少有79颗呢。

什么？！

好啦，我猜穿梭机可能只会在其中4颗最大的伽利略卫星上着陆。

噢，谢天谢地。

呃，"伽利略"是什么意思呀？

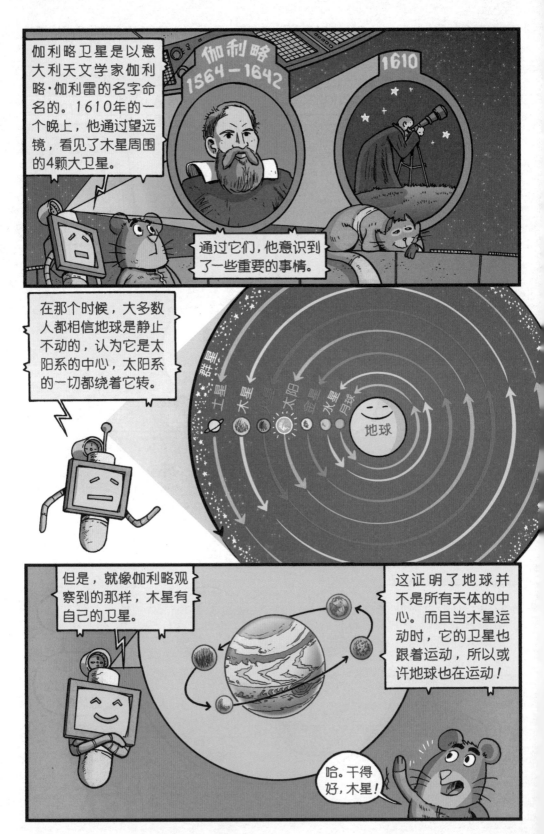

伽利略卫星是以意大利天文学家伽利略·伽利雷的名字命名的。1610年的一个晚上，他通过望远镜，看见了木星周围的4颗大卫星。

通过它们，他意识到了一些重要的事情。

在那个时候，大多数人都相信地球是静止不动的，认为它是太阳系的中心，太阳系的一切都绕着它转。

但是，就像伽利略观察到的那样，木星有自己的卫星。

这证明了地球并不是所有天体的中心。而且当木星运动时，它的卫星也跟着运动，所以或许地球也在运动！

哈。干得好，木星！

木卫三是太阳系中最大的卫星。它的表面下可能有咸海。

它是唯一有液态铁核心、能产生磁场的卫星，而且还有极光！

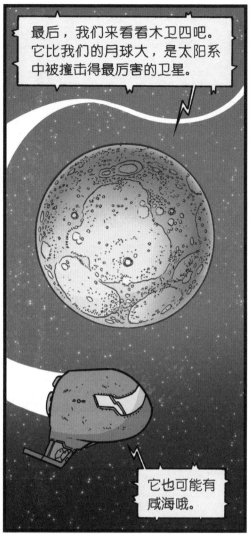

最后，我们来看看木卫四吧。它比我们的月球大，是太阳系中被撞击得最厉害的卫星。

它也可能有咸海哦。

这些卫星都很独特。

我感觉莎拉会喜欢我们的报告的。

关于木星的报告

名字来源：古罗马神话中的众神之王。

大小：直径约143 000千米。内部可以塞进1300多个地球！

构成：木星的内部还有很多我们不知道的东西。它的核心是个谜。核心之外是金属氢（因为承受了巨大的压力，所以状态像金属），然后是液态氢和气态氢以及其他气体。

木星在太空中的位置

神奇的特征

大红斑，一个"恐趣"的风暴。

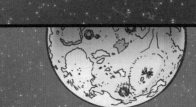

至少有79颗已确定的卫星。一些卫星上面有液态水，这意味着它们也许有生命！其中最奇怪的一个——木卫一，看起来就像一个坏掉的比萨。

来自地球的航天器

从20世纪70年代开始，一些航天器就飞越过木星，还有一些绕着它运行。不过还没有飞行器在它的表面着陆过（因为它可能没有表面）。

木星好漂亮。我想把它表面一些云的图案绣在袜子上。

像袜子一样漂亮的行星？这评价很高呀！

呦！燃料充足。我们可以继续前进了。

派尔，让我们去下一个行星吧。我们要去找到我们的朋友，我要继续又害怕又勇敢！

太好了。我也要继续一心多用。胡椒，你能跟我下棋吗？

喵！

与此同时，穿梭机内部……

船长！

我激活了导航界面。现在我们可以和穿梭机的计算机对话了。

干得好！

嗯哼！穿梭机计算机，我是船长。

嗨！我是穿梭机计算机！

你能告诉我们你要去哪里吗？

一个好地方。是颗卫星。你们会喜欢的。

它叫什么名字？

呃，我忘了。潘达？格伦达？诸如此类吧。

唉！

穿梭机计算机，你能让我们来开吗？

不行，晚点再说。嘻嘻！在太空里飞行太好玩了！

啊——

第10部分：土星

距离太阳约14.29亿千米……

船员们，我们要到土星了，这也是一颗巨大的气体行星。它是我们太阳系中的第二大行星。

就像你们看到的那样，它的周围环绕着很多圆环。

以前的天文学家不知道它们是什么。伽利略管它们叫土星的"耳朵"。

嘿嘿！

但如果你飞近看，就会看到它们其实是一层薄薄的水冰层，其中也有一点点岩石和尘埃。

我说的薄是真的很薄哦。土星很大很大，它的内部可以塞下超过760个地球——

但是那些圆环差不多只有莎拉家的三层楼那么高。

哇哦！

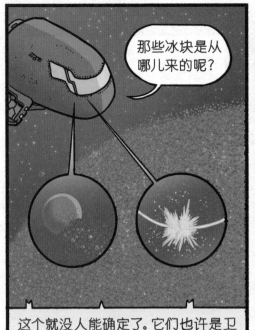

那些冰块是从哪儿来的呢？

这个就没人能确定了。它们也许是卫星的碎片，或者是刚好路过的小行星，被土星的引力撕扯得四分五裂了，附近卫星上掉下来的碎屑也加在其中。

木星

天王星

海王星

木星、海王星和天王星也有环，但它们的环没有土星的这么引人注目。

事实上，火星未来也会有一个环。它的卫星火卫一，在2000万到4000万年后，会被火星的引力撕裂，形成一个环。

哇哦！真"恐趣"呀！

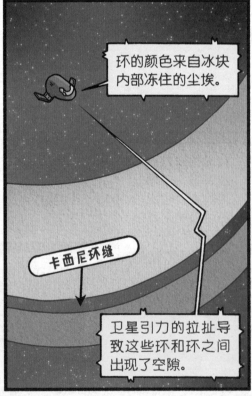

环的颜色来自冰块内部冻住的尘埃。

卡西尼环缝

卫星引力的拉扯导致这些环和环之间出现了空隙。

这是土卫二。它的表面是冰，但里面有一个海洋。土星的引力推拉着它的内部，产生了热量。

土星最大的环是由土卫二南极冰火山喷发出的冰块组成的！

阿嚏！

喷了好多啊。

2008年，NASA的"卡西尼号"探测器飞过了其中一个喷流，发现其中居然存在地球生命所必需的物质。

或许有一天我们会在土卫二上发现生命呢。

土卫六是太阳系中第二大的卫星。在某些方面，它和地球很像。

它是唯一有着厚厚大气层的卫星。它的大气层里都是氮气，这正好也是地球空气的主要成分。

噢！那我能在土卫六上呼吸喽？

地球

土卫六

氮气 □
氧气 □
氢气 □
甲烷 ▨
其他气体 □

这可不行。因为它几乎没有氧气，而动物呼吸都需要氧气。

关于土星的报告

名字来源：古罗马神话中的农业神。①

大小：直径约120 500千米。里面能塞进764个地球。

构成：关于土星内部，我们还有很多不知道的东西。科学家们认为它和木星很相似，在气态氢和液态氢（还有一些其他气体）下面存在金属氢。

土星在太空中的位置

神奇的特征

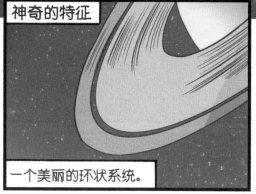

一个美丽的环状系统。

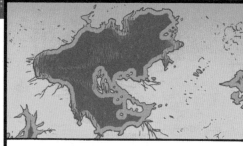

拥有83颗卫星。其中，土卫六有湖泊和一层厚厚的大气。

来自地球的航天器

有几个航天器飞越过土星。2004年，"卡西尼－惠更斯号"②太空探测器围绕土星运行。2005年，"惠更斯号"在土星表面着陆。

①土星英文是Saturn，源自古罗马神话中的农业神萨图努斯。
②"卡西尼－惠更斯号"（英语：Cassini-Huygens）的主要任务是对土星系进行空间探测。"卡西尼号"探测器的任务是环绕土星飞行，"惠更斯号"探测器是"卡西尼号"携带的子探测器，其任务是深入土卫六的大气层，进行实地考察。

①原文为Let's roll，意思是我们出发吧。Roll在英文里也有滚的意思，所以下文派尔以为福丁说的是"我们滚吧"。

与此同时，在穿梭机上……

穿梭机计算机！作为船长，我命令你让我们自己操控。

好吧……

唉！

但你得先猜出我最喜欢的动物是什么。

唉！

是蛇吗？

是鸟？

不是，都不是！继续猜。

鱼？

虫子？

不是。

牛奶

穿梭机计算机，我们没时间猜了。

但你们已经快猜到了！

两栖动物？

哺乳动物？

没错，是哺乳动物！但是哪种呢？哺乳动物有5700多种哦！

啊啊啊！

第11部分：天王星

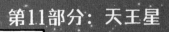

距离太阳约28.71亿千米……

我们到达第7个行星天王星了。

因为它太远了，在地球上几乎看不见，所以我们正式发现它要到——

胡椒，把兵放下！

噗！

我继续说，英国天文学家威廉·赫歇尔在1781年用他设计的望远镜发现了天王星。

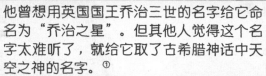

他曾想用英国国王乔治三世的名字给它命名为"乔治之星"。但其他人觉得这个名字太难听了，就给它取了古希腊神话中天空之神的名字。①

所以天王星有了更好的名字。

是啊。

为什么天王星这么蓝？真好看。

因为它的大气层里有甲烷，甲烷会吸收太阳光里偏红的部分，所以我们就只能看见蓝色和绿色了。

①天王星的英文是Uranus，源自古希腊神话中的天空之神乌拉诺斯

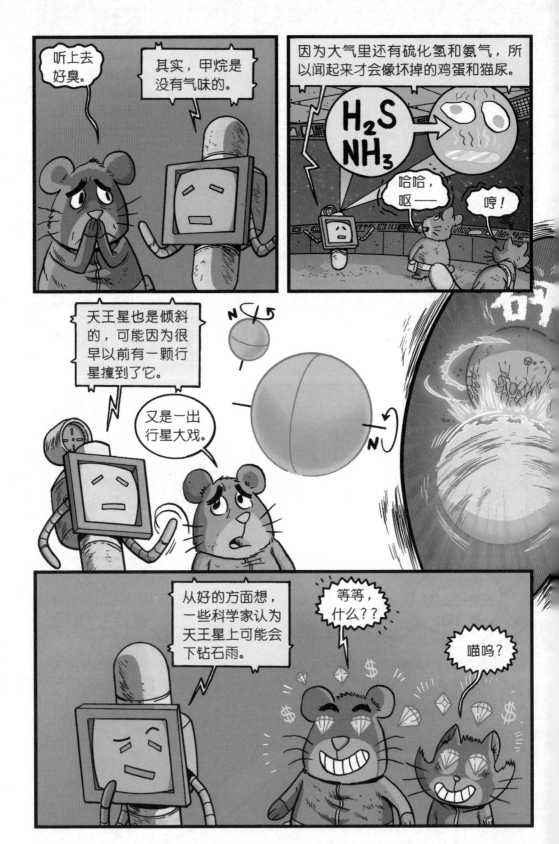

①②这两个角色来源于莎士比亚的《仲夏夜之梦》。此处译名采用的是朱生豪译版。

我最喜欢的是米兰达（天卫五）①。它有太阳系里最高的山峰——维罗纳峭壁，高度在20千米到50千米。

等一下。我觉得我的传感器收到了一些信号。

信号？从穿梭机上传来的？

嘘，嘘。让我听听看。

唔……

没错！他们真的在下面。我要试试用牵引波束把他们拉上来。

万岁！！

①这个角色来源于莎士比亚的戏剧《暴风雨》，译名采用的是朱生豪译版。

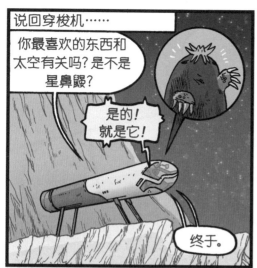

说回穿梭机……

你最喜欢的东西和太空有关吗？是不是星鼻鼹？

是的！就是它！

现在你们可以猜猜看我第二喜欢的动物是什么了。

啊啊啊。

终于。

嗯？

哇哦——发生了什么？

哦，不好了！牵引波束变弱了。它用掉了太多燃料。

牵引波束能量

啊啊！

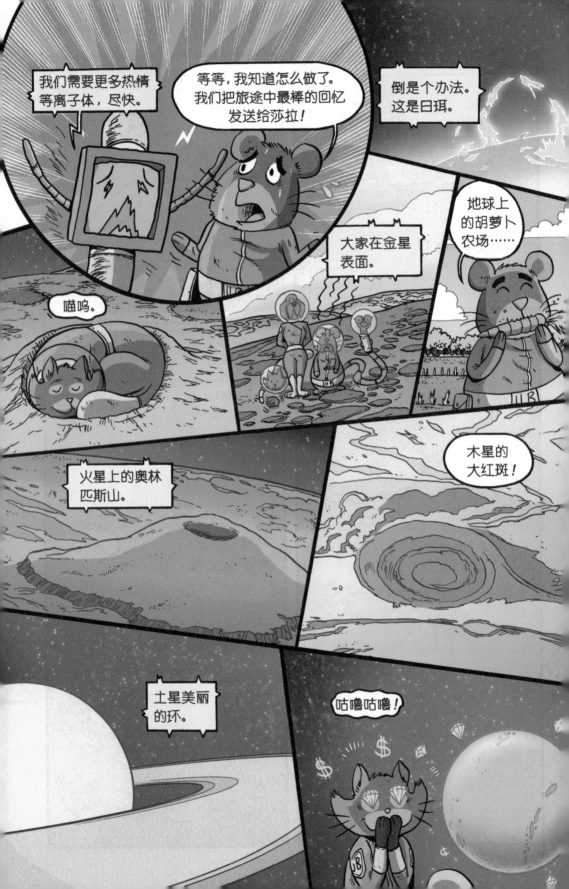

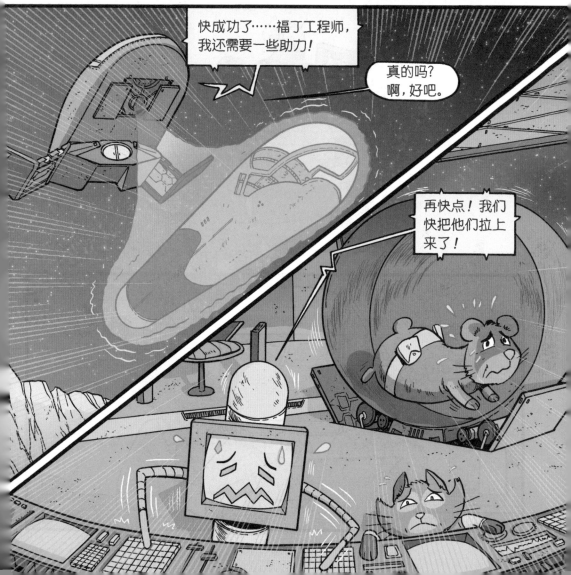

关于天王星的报告

名字来源：古希腊神话中的天空神。

大小：直径约51 120千米，约比地球的直径宽4倍。

构成：岩石核心，由水、氨气和甲烷组成的地幔，以及由氢气、氨气和甲烷组成的大气层。

天王星在太空中的位置

神奇的特征

CH_4

因甲烷而呈现出迷人的蓝色。

天王星有27颗已知的卫星。米兰达（天卫五）有一个非常非常高的悬崖，是太空宠物大团聚的地点。

来自地球的航天器

只有一次："旅行者2号"在1986年飞过天王星。还有很多未知等待未来的探索者去发现！

第12部分：海王星

距离太阳约45亿千米，下了几盘精彩的棋之后……

船员们，我们到达太阳系最后一个行星——海王星了。

它是唯一一颗我们用数学方法发现的行星。

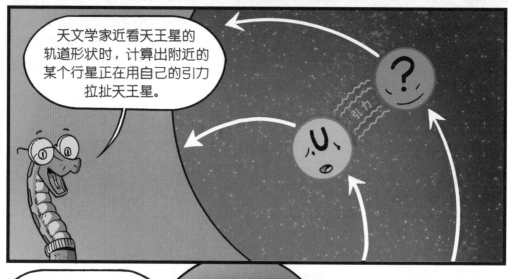

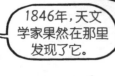

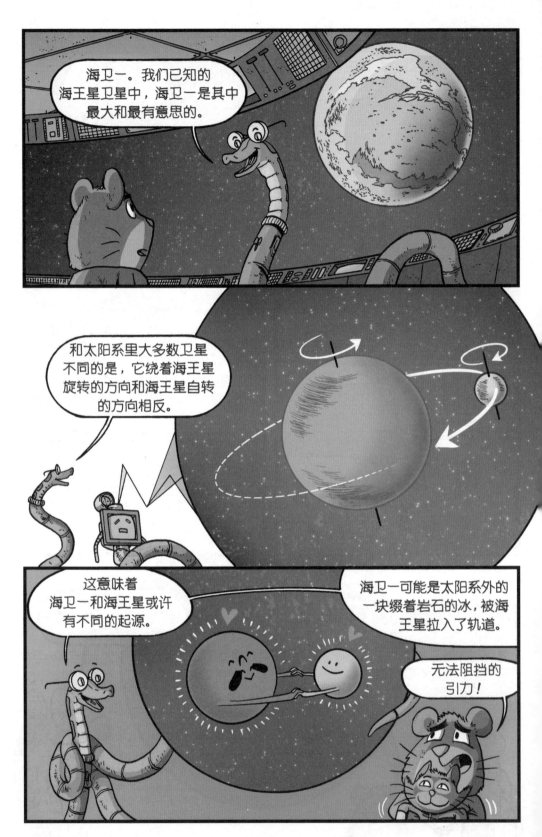

关于海王星的报告

名字来源:古希腊神话中的海洋之神。

大小:直径约49 500千米,差不多比地球大4倍。

构成:像天王星一样,海王星也有岩石核心,由水、氨气和甲烷组成的地幔,以及由氢气、氨气和甲烷组成的大气层。

海王星在太空中的位置

神奇的特征

在太阳系中测量到的最快的风速:每小时约2160千米!呼呼!

8千米

有14个已知卫星。其中海卫一上有能喷到8千米高的间歇泉。

来自地球的航天器

只有一次:"旅行者2号"在1989年飞过海王星。

这颗星球还有待探索!

第13部分：海王星之外

①杰勒德·柯伊伯 (1905—1973)，他发现了天卫五和海卫二，并提出柯伊伯带的存在。

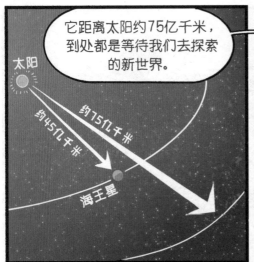

太阳

约75亿千米

约45亿千米

海王星

它距离太阳约75亿千米，到处都是等待我们去探索的新世界。

它们叫矮行星，因为个子小——通常比水星还小。

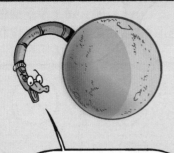

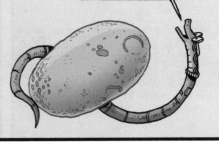

妊神星的名字是为了纪念夏威夷的生育女神。它自转得非常快，以至都把自己拉长了。

鸟神星是用复活节岛的原住民拉帕努伊人的主神名字命名的。它很冷，只有大约-204℃。

但最著名的要数冥王星。

①冥王星的英文是Pluto，来源于古罗马神话中的冥界之神普鲁托。

等等，还有更多东西呢！你们都听说过彗星，对吧？

那些有尾巴的发光球。

没错！虽然彗星只有在飞近太阳时才会有尾巴。它们是由太阳系形成过程中遗留下来的冰和岩石构成的。

太阳给它们一加热，它们就会释放粒子流。

还记得发现天王星的威廉·赫歇尔吗？

他的妹妹卡罗琳·赫歇尔发现了许多彗星。

彗星来自两个地方。第一个是离散盘①。它和柯伊伯带有一部分是重叠的，距离太阳约1497亿千米。

①分布在太阳系最远的地方，主要是由冰组成的小行星。

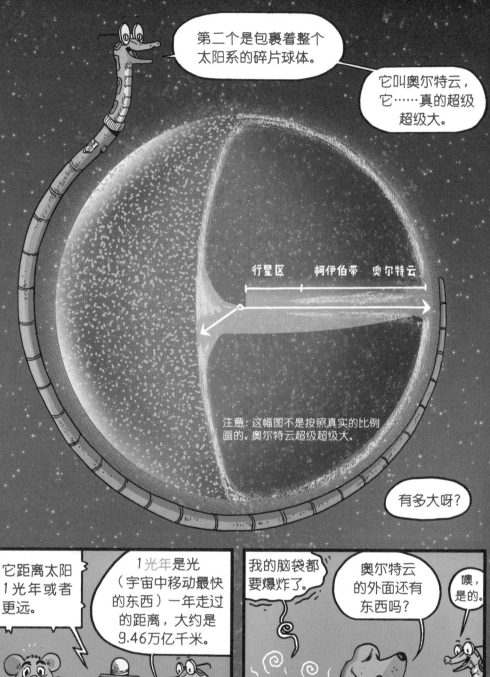

第二个是包裹着整个太阳系的碎片球体。

它叫奥尔特云，它……真的超级超级大。

行星区　柯伊伯带　奥尔特云

注意：这幅图不是按照真实的比例画的。奥尔特云超级超级大。

有多大呀？

它距离太阳1光年或者更远。

1光年是光（宇宙中移动最快的东西）一年走过的距离，大约是9.46万亿千米。

太阳　365天　9.46万亿千米

我的脑袋都要爆炸了。

奥尔特云的外面还有东西吗？

噢，是的。

我们管银河系叫奶之路。因为从地球上看，它就像一长条洒出来的奶。

在由恒星、尘埃和气体组成的银河系中，太阳只是其中的一颗恒星而已。

恒星有好多种，它们有不同的大小、年龄和温度。比如：

红巨星
一种氢气燃烧完了的恒星。它开始坍缩，并从坍缩中获得热量。它的外层膨胀得很大。

红矮星
指一种质量小、温度低、燃烧缓慢的恒星。

脉冲星
巨大恒星爆炸后留下的大密度残骸。它能发射射电波，当它旋转时，我们会收到脉冲信号。

白矮星
一种"老年"恒星，已燃烧殆尽，正在慢慢变暗。

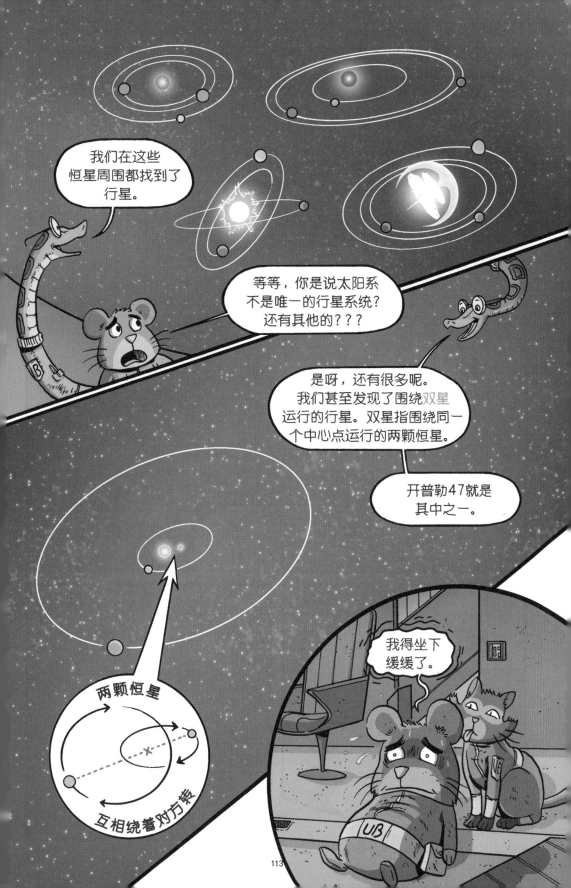

椭圆星系　　螺旋星系　　不规则星系

除了银河系之外，还有其他星系吗？

有呀。它们的形状和大小也都不一样。

所有的这些恒星，所有的能量和生命，空间和胡萝卜……所有事物都是一个广阔的区域的一部分，我们叫它"宇宙"。

宇宙约有138亿岁，年龄差不多是我们太阳系的3倍。

而我们能观测到的宇宙范围的直径是约930亿光年*。

感觉自己好渺小。

我是说，比平时更小。

我去检查一下燃料。

* 差不多879 847 933 950 000 000 000 000千米！！！

我……我真不敢相信！

莱利船长！我们好像有了……无限的热情等离子体。我从来没见过这种情况！莎拉肯定永远都对太空感兴趣了。

太棒了。你提醒了我：既然任务完成了，我们就得决定下一步该怎么做了。

我们要回地球吗？或者飞出太阳系，去探索宇宙？

我们……我们去吧！

去探索。

完

太空宠物流星雨观赏指南

流星是太空里的小碎片，它们撞到地球大气之后会燃烧起来，在天空中留下一道明亮的光痕。人们有时候叫它们"陨星"，但这是不合逻辑的：它们才不是从天上陨落的星星呢。

哦，那可对地球不好。

在流星雨期间，你会看见很多光痕，这是因为地球正在穿过一片充满彗星碎片的区域。

当彗星靠近太阳，就会开始融化，掉落小块的岩石和尘埃。这些碎石击中地球的大气，就成了天然的烟火！

这里有一份时间表, 供你查询流星雨出现的大致时间。
在网上一查就知道准确的日期了。

象限仪座流星雨: 1月3日—4日
天琴座流星雨: 4月21日—22日
宝瓶座η流星雨: 5月5日—6日
英仙座流星雨: 8月12日—13日
猎户座流星雨: 10月21日—22日
狮子座流星雨: 11月17日—18日
双子座流星雨: 12月13日—14日

抬头看着夜空, 耐心等待。一些流星雨要比其他更盛大, 你在城市里也能看见。不过如果可以的话, 最好在更黑暗的环境里观察。

流星会击中我吗?

不会!

几乎所有的流星都很小, 会全部燃烧掉。很少有流星会落到地球上。

落到地球上的叫陨石, 它们可是很特别的哦!

一 词 汇 表 一

磁场
一个看不见的磁力场。它可以移动某些东西，比如从太阳中喷射出来的带电粒子。

大气层
一层包裹着行星或其他天体的气体。

光年
光在一年里走过的距离——大约9.46万亿千米。

核聚变
元素的原子相结合形成另一种更重的元素原子的反应。

柯伊伯带
一个由冰块和矮行星（包括冥王星）组成的环。

双星系统
围绕太空里一个共同的中心点旋转的两颗恒星组成的系统。

太阳系
以太阳为中心旋转的天体系统，包括太阳、行星、卫星、小行星、尘埃和其他物质。

天文单位
地球中心到太阳中心的平均距离——大约1.496亿千米。科学家们用它来描述很长的距离。

卫星
围绕行星转动的物体。可以是天然的，也可以是人造的。

星系
一个巨大的星体、气体和尘埃的集合体，它们共同围绕一个中心点旋转。

宇宙
一个超级广阔的区域，包括一切时间、空间和其他所有物质。

元素
由一种特定类型的原子组成的物质。氦、碳和金都是元素。

原子
一个微小的物质单位，由更小的粒子——质子、电子和中子组成。粒子的数量决定了原子的元素。

陨石坑
太空岩石撞击天体表面形成的环形的坑。

质量
一个物体内部的物质数量。一个物体的重量是它的质量乘以它所受的重力的大小。